수학 비밀 일기 ⑩

등장 인물
주은비
성하의 단짝 친구로
항상 성하를 도와준다.
네로
성하와 함께 지내는 고양이.
각성하면 인간 소년이 된다.
물의 힘을 가지고 있다.
최성하
평범한 초등학생이었으나 보석 목
걸이를 얻고 네로를 만난 뒤 사건
에 휘말리면서 보석의 힘을 깨닫기
시작한다.
강도훈
수학을 잘해 성하의 수학 공부
를 도와준다. 보석요정의 정체
를 밝히려고 노력한다.

카이
네로의 친형. 네로와 같은
썬 종족이며 강한 힘을
지니고 있다.

일미
미호의 친구. 미호를 돕
기보다 자신의 발명품을
만드는 데 열중한다.

신이
고래산의 정령. 아직까지
정체는 밝혀지지 않았다.

X
미호와 같은 종족으로
항상 미호의 옆에 있다.

미호
꼬리가 있는 여우. 자연의
힘이 있는 보석을 노린다.

지난 줄거리
성하와 친구들은 소원을 들어주는 옹달샘에 대한 이야기를 하다가 소문의 옹달샘이 고래산에
있다는 사실을 알게 되었다. 주말을 맞아 성하와 친구들은 고래산에 올라 옹달샘을 찾아 나섰
다. 일미를 통해 아이들이 고래산에 간다는 소식을 접한 미호와 X도 고래산을 찾아왔다. 고래
산의 정령인 신이는 옹달샘을 찾아온 성하네 일행을 경계하고, 성하와 친구들을 결국 공격하고
말았다. 성하와 대결을 펼치던 신이는 성하의 아버지가 자신을 구해 주었던 은인임을 알게 되
고 신이는 성하에게 곧장 사과를 하였다. 한편, 수정 구슬로 신이를 살펴보는 미호의 눈빛이 심
상치 않은데…….

차 례

1화
학교는 정말 신기해! ⋯⋯⋯⋯ 6
학습주제: (두 자리 수)÷(한 자리 수)

2화
보석요정이 나타난다고?! ⋯⋯⋯ 44
학습주제: 분수로 나타내기

3화
신이를 구해야 해! ⋯⋯⋯⋯ 70
학습주제: 진분수, 가분수, 대분수
　　　　　알아보기

● 스토리텔링 문제 ⋯⋯⋯⋯⋯⋯⋯⋯ 122

● 수학 지식의 백과사전 ⋯⋯⋯⋯⋯ 132

● 정답과 풀이 ⋯⋯⋯⋯⋯⋯⋯⋯⋯ 134

성하의 새로운 친구, 신이

일상생활에서 학생들은 나눗셈의 상황과 자주 만나게 됩니다. 같은 수만큼 덜어 낼 때 몇 번만큼 덜어 내는지를 알아야 할 때도 있고, 주어진 수를 똑같이 나눌 때 몇 개씩 나누어 주어야 하는지 알아야 할 때도 있습니다. 다양한 상황의 나눗셈 문제를 풀면서 나눗셈에 대한 폭넓은 이해를 할 수 있게 합니다.

또한, 분수를 똑같이 나누어 보는 활동을 통해 전체와 부분의 크기를 알고 바르게 읽고 쓸 수 있도록 지도합니다. 분수의 종류를 알아보고 대분수를 가분수로, 가분수를 대분수로 나타낼 수 있게 합니다.

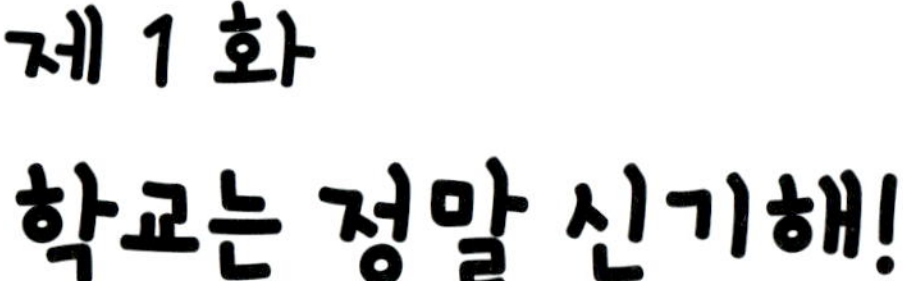

제 1 화
학교는 정말 신기해!

아이들이 많네.
삐이이익!
앗!

우아~ 깜짝이야! 저게 뭐지?

자, 다음 준비하고!
애들이 이상하게 앉아 있네.

삐이이익!
타 다 다 닥
저 이상한 게 소리 나면 애들이 달리잖아?

자, 다음 준비!
기대된다!
삐이익!
타 다 다 닥
응? 세 명이 뛰어야 하는데?
쌔애앵
으앗!!
파파파파팍!
어, 엄청 빠르잖아. 잠깐만!
하하~ 함께 뛰니까 재밌다!!
하하
쌔애앵
헉
헉
어디까지 가는 거야?

저 애 이름이 뭐니? 응?
네에?
모르겠는데요.
우리 반 친구가 아니에요.
엥?

신난다! 아하하하~
하하하
타다다다다

저 애는 대체 누구지? 진짜 빠른데 …….

하하~
파바바바박

으~ 어서
화장실에 좀
가야겠다.
같이 가
줄까?
그래!
같이 가자.
응?

어디 가는데?
나도 같이 가 줄까?
앗!
꺄아악!!!
엄마야!!
끼약~
으악!!

으아~ 무서운
애들이다!!
파바바바박
으, 응?
혁~
소리를 엄청
지르잖아.
깜짝 놀랐네.
타다닥

무서운 애들이 갈 때까지 여기 숨어 있어야겠다.
척
크흠~
앗! 여기도 사람이!
스윽
훗~ 나야 가발만 쓰면 정말 완벽하게 잘생겼다니까.
속 속
캬~ 영화배우 같네! 하하하~
앗! 저게 뭐지? 신기해. 나도 써 보고 싶어.
하하
몰래 내 거랑 잠깐 바꿔 볼까?
속
후후~
탁!
이때다!

룰루~
~♪
헉!

아이들이
쳐다보는 걸 보니,
오늘따라 내가 더
멋진가 보군!
으하하

저벅
저벅

하하~ 이거 참
멋지고 근사하다!
하하

쿵
쿵
앗, 여기서
성하와 도훈이의
냄새가 나네.

성하한테도
이 모습을
자랑해야지.

앗! 저기 있다.

응?
속
헉! 신이잖아?!
무슨 일?
헤헤~ 성하랑 도훈이가 날 보고 있어.
헤헤
이것 좀 봐. 나한테 어울리지?
저, 저 가발은 설마?!
헉!
저 애는……
크르르르르
딩동댕
자~ 이제 쉬는 시간이니까 화장실 다녀오세요.
무서운 호랑이 선생님의 가발?!

응?
으아아!
후당다다닥

화장실이 많이 급했나 보네…….
하 하

빨리!!
타다닥

헉
어휴~
재밌어! 여기 엄청 재밌다!
헉

와! 도훈이 너도 이거 한번 써 볼래?
장난칠 상황 아니거든?
대체 이런 장난친 사람이 누구야?
씩씩
헉!!

어? 아까 그 사람이다! 여기…… 읍~
탁!
안 돼.
씩씩
응?
쉬~

신이야, 조금만 기다려 주면 내가 나가려고 했는데 기다리기 지루했어?
아냐! 엄청 재밌고 신났는걸!

그동안 산에만 있다가 사람들하고 같이 있으니 참 좋아.
하하

아~ 그랬구나.
무슨…… 산골에서 살다 왔나?
?

앗! 그거 아까 봤어. 큰 소리가 나던데?
아~ 이건 호루라기라는 거야. 오후 체육 시간에 필요한 거거든.
호루라기?

호루라기를 입에 대고 불면 큰 소리가 나서 수업 때 선생님께서 사용하기도 하고, 위험할 때 이걸 불면 사람들이 도와주러 와 줄 수도 있어.
하지만 난 그런 거 없어도 큰 소리를 낼 수 있어! 한번 볼래?

삐이이이익!
헉!

이러다 선생님한테 들키겠어!
으악!
삐이이이이익!

으응?
속
이크~

성하야, 일단 그 애 좀 잘 지키고 있어.
도훈아?
탁

저, 선생님.
응?

제가 이런 걸 주웠는데, 혹시 선생님 건가 해서……
으헉!
이건 내 가발이잖아!!
탁
하하~

도훈이가 지금 뭐하는 거야?
쉿, 우리를 도와주려는 거야.
혹시 장난 친 사람이 너니?!
아뇨.
전 절대로 그런 장난을 하지 않아요. 믿어 주세요.
그리고 저는 전학 온 지 얼마 되지도 않았는데, 왜 그런 장난을 치겠어요? 아직 학교생활도 적응이 덜 됐는데.
샤~랄~라~

아~ 그, 그렇구나.
응? 저 선생님의 표정이 좋아졌어.
도훈이 힘내라.
가져다 줘서 고맙다. 그럼 난 이만……
하하~ 네.
하하

후우~ 이젠 범인을 찾으러 다니시지 않을 거야.
신이야, 정말 다행이다. 그렇지?
호호
성하가 웃는 거 정말 예뻐!
으앗!
꽉!
아니?!
자, 잠깐만! 이거…….
컥!
너 왜 자꾸 성하를 껴안는 거야?
응?
너도 엄청 좋아!
헉!
꽉!

왜, 왜 이래?
하하
하하~ 그냥 애정 표현인 거 같아.
아! 맞다! 너희 주려고 선물을 가져왔는데!
선물?
짜잔!!
척!
산에서 너희들 주려고 밤을 주워 왔지.
우와~ 밤이다!
큰 것으로 47개를 골라 왔어!
우아~ 나 밤 정말 좋아하는데. 고마워.

Quiz

계산을 하시오.

(1) $8\overline{)97}$

(2) $78 \div 5$

(3) $92 \div 4$

▶ 정답은 22쪽에

엇? 도훈아, 나 지금 안 가. 여기서 너희 공부 끝날 때까지 기다릴 거야.
응?

끝나고 같이 놀자. 성하가 재밌는 것 구경시켜 준 댔어.
그, 그래. 너도 같이 놀자.
하하

흠…….

난 됐어. 너희끼리 놀아.
뭐? 왜?
난 그냥 갈 거야. 너도 집에 잘 돌아가.
아…….

도훈이도 같이 가면 좋은데.
응. 그냥 오늘은 우리끼리 놀자.

내가 싫은 걸까? 어떻게 하면 도훈이가 날 좋아하게 될까?
응?

그, 글쎄······.
나도 잘 몰라. 가끔 도훈이가 왜 화를 내는 건지······.
그래?

가끔씩 화를 낼 때마다 왜 그러는지 말해 주지 않으니까 전혀 모르겠어.

성하, 너도 도훈이가 많이 신경 쓰이는구나.

그래도 도훈이가 너와 대화할 때는 편해 보여. 나한테는 안 그러는걸.
그래?

분명 그렇게 될 수 있을 거야.
조금 시간이 걸릴 뿐이라고 생각해.
정말 그럴까?
응. 나도 도훈이와 많은 이야기를 나누고, 친한 친구가 되고 싶어.

당연하지.
다 좋아질 거야.
헤헤
으, 응.

도훈이는 내게 특별한
친구야. 아마 너희가 모든
사실을 알게 되면 깜짝
놀라겠지.

응? 그게
무슨 말이야?
아~

아니야. 나중에
말해 줄게. 너 들어가
봐야 하는 거 아냐?
응?

헉!
으앗! 벌써
쉬는 시간이
끝나가잖아?
왠지 그럴 거
같더라.

난 괜찮으니까
어서 들어가 봐.
그렇지만
……
휙
휙

대신 수업 시간이 끝나면 같이 재밌게 놀자.
응, 그렇게.
이제 난 진짜 밖에 나가서 놀 거야. 너 공부하는 거 방해 안 하고 기다릴게!
꼬옥

저 밖에서 놀고 있을게.
내가 같이 있을 수 있으면 좋을 텐데…….
탁 탁
응. 정말 괜찮겠어?
걱정 마! 너 공부가 끝날 때엔 다시 돌아올 거니까~

어서 가! 하하하~
휘익
히히
자, 이젠 뭐 하고 놀까?

일단 나가 보자!
재밌는 게 엄청
많을 거 같아!
타다다닥

타다닥

부시럭
스윽
저기 가는군.

달리기가 꽤
빠른데요?

흥, 빨라 봤자 우리보다 빠르겠어?
훗~ 그건 그렇죠.
그나저나 저 애가 정말 최성하 양이랑 관련이 있다는 겁니까?
그래.
둘이 엄청 친한 사이가 분명해. 이번에야 말로 본때를 보여 주겠어.
두
둥
후우~ 그래 놓고 매번 실패하시잖아요.
뭐라고?
발끈
같은 편들이 있잖아요. 슬슬 다른 스플릿들에게 도와 달라고 해도…….
그동안 우리가 당한 걸 잊었어? 당연히 우리끼리 싸워 이겨야지. 네로가 잘못했다고 싹싹 빌게 만들고!
그건 안 돼!
그건 그렇지만…….

도와 달라고 했다가 네로에게서 빼앗을 보석을 나눠 가져야 할 수도 있잖아!
ㄷㄷㄷ
잠시만요!
씩씩
일미 님은 항상 먼저 부르시면서, 이번엔 왜 그러세요?
그런 말하지 마! 무조건 우리끼리 이기는 거야!
네.
뭔가 있는 게 분명해.
안 그래도 시간이 많지 않아. 어떻게든 우리끼리 잘 해내야 해.
이번엔 무슨 일이 있어도 성공할 거야.
다다다다
꽉!

여기 근처엔 또 뭐가 있나 볼까?
하하
스으윽
응?
안녕?
네가 신이니?
두
둥
응?
너희는 누구야? 이 동네에 살아?
흑마법은 안 써요?
흥~ 쟤를 속이는 건 내 말 한 마디로도 충분해.
흥!

너한테는 탄 냄새가 난다!
뭐라고?
하하~
쿵쿵
그건 그렇고 난 성하 친구야. 성하 있는 곳으로 가자.
하하
성하 친구라고?

성하는 지금 저쪽에 있어. 그리고 성하는 바쁘니까 방해하면 안 돼.
으~
괜찮겠어요?
사실은 나도 알고 있어! 성하가 바쁘니까 깜짝 파티를 준비하는 거야! 어때?
하하하
깜짝 파티?

엄청 재밌는 거야. 성하에게 비밀로 하고, 성하를 깜짝 놀라게 해 주는 거야.
그게 뭔데? 그거 좋은 거야?
꺄꺄꺄
그런 거 하면 성하가 좋아해?
호~
당연하지! 엄청 좋아할 거야!

그럼 좋아!
어서 가자!

아주 잘 결정
했어! 호호~
랄라~
가자.
쉽게
넘어오는데요?
호호호

다른 어린이들은
저렇게 다른 사람
말을 믿고 따라
가면 안 돼요!
거기서
뭐해?

넌 어서
성하에게 이 애를
우리가 데리고
있다고 전해.
네?

저녁 7시에
마을 시계탑으로
나오라고 말해.
저녁 7시요?

훗, 이제까지 낮에
싸워서 진 거야. 어둠을
이용해서 공격해야지.
크크크크

우리의 계획은
이렇게 될 거야.

흐흐

신이야!

타다닥

미호, 또
나쁜 짓을!

어?
아무도
없는데?

어떻게
된 거지?

휘
익

으앗!!

하하하~
드디어 함정에
걸렸구나!!

이럴
수가!

꺄하하하하

이제 너희는 꼼짝 못할 거야! 내 흑마법에 걸린 이 아이처럼 내 손에 들어온 거지!
후후
이거 풀어 줘! 어서!!
신아!
이제 보석은 우리 것입니다!
탁
내가 이렇게 당하다니!
네로야, 어떡해?
이렇게 되는 것도 시간 문제다!
자! 어서 가서 내가 시키는 대로 해! 나도 준비할 게 많으니까!
네. 알겠습니다.
흐음~
으하하하

안 가?
가자!
후후
타다닥
흑마법은 아껴 두었다가, 모두가 모였을 때 쓰면 더 재미있을 거야.
좀 이상한 애네.

이제까지 고생한 만큼 모두 되돌려 받아야겠어. 너희도 준비를 제대로 하고 와야 할 거야.
크크크
너희의 보석들도 곧 내 것이 되고 말 테니까!

크하하하하하하!
으아~ 시끄러워.

말을 직접 전해야 한다니, 불편하군.
저벅
저벅

이걸로는 성하 양한테 말할 수가 없는데…….

엇! 여긴 무슨 일이야?
응?

아, 일미님.
나 만나러 온 거야?
성하 양에게 할 말이 있어서요. 그 박스는 뭐죠?
하하
학교에서 발명한 발명품들인데, 더 이상 둘 곳이 없어서…….
쉬는 시간에 잠깐 집에 가져다 두려고 했지.
하하
여전하시군요. 미호 님을 도울 것도 있습니까?
글쎄? 딱히 그런 걸 생각하고 만든 건 아닌데. 난 만들고 싶은 것만 만들어.
역시~
그런데 성하에게 전할 말이 뭐야?
아, 지금 성하 양 친구를 미호 님이 데려갔거든요.
되찾고 싶으면 저녁 7시까지 마을 시계탑으로 나오라고…….
흠
역시 미호는 항상 치사한 방법을 쓰는구나.

성하 양 주변에 있던 신이 군을 데려갔어요.
그리고 보니 나도 아까 그 애를 본 거 같아.

잠깐만! 그런 걸 전달하려면 내게 좋은 발명품이 있어!
네?
처억

휙
휙
휙
휙
여기 어디 있을 텐데.

찾았다! 나의 '나뭇잎 퐁퐁 하늘 위로 짠!'
응? 이름이 이상한데요.

내 발명품 이름이 어때서? 잠깐만 기다려 봐.
속속
전 바빠서 가 봐야 하는데…….
얌전히 지켜보기나 하라고!
척!
네? 여기서 뭘하시려고요?

파-앙
으앗!
아우~ 설명을 하고 쏘라고요.
저길 봐!
캬캬
변신완료! 내 친구를 구하려면 오늘 7시까지 시계탑으로!
두
두
둥
허억!
어때! 멋지지?
으쓱
저, 저는 그냥 성하 양에게만 말을 전하려고 했거든요?
후후
훗! 난 역시 대단하다니까.

음?
뭐, 뭐지? 저건?
저것 좀 봐!
보석요정에게 보내는 거야?
응?
뭐? 보석요정?
굉장해!
뭔데?
웅성
웅성
보석요정!
내 친구를 구하려면
오늘 7시까지
시계탑으로!

저건!
설마
신이가?!
우아~
정말
신기해!
우르르르

이게 대체
무슨 일이야?!

(두 자리 수)÷(한 자리 수)

퀴즈 1

신이는 도토리 72개를 주웠어요. 이 도토리를 다람쥐 4마리에게 똑같이 나누어 주려고 해요. 한 마리에게 몇 개씩 나누어 주면 될까요?

( )

퀴즈 2

도훈이가 하루에 28쪽씩 3일 동안 읽은 책을 성하가 읽으려고 해요. 하루에 8쪽씩 읽으면 모두 읽는 데 적어도 며칠이 걸릴까요?

( )

퀴즈 3

신이는 체육 수업 중인 학생들 사이에 몰래 서 있어요. 학생들이 모두 25명이고 3명씩 달리기를 하려고 서 있을 때 몇 줄이 되고 몇 명이 남을까요?

(   ) , (   )

제 2 화
보석요정이 나타난다고?!

성하야.
무슨 일이야?
네로.
이것 봐.
이걸!
아무래도
신이를 데려간
거 같아.
미호 짓이
분명해.
아자! 이번에는
꼭 보석요정을
찍어야지!
깜짝!
헉!
도, 도훈이
너도 가려고?
당연하지!
보석요정을
찍을
기회인데!
근데 그림의 아이
얼굴이 신이라는 애를
좀 닮았네.
휙
찰칵
찰칵
그, 그래?
난 잘 모르겠는데?

흠~
안 닮았나?
하하.
난 화장실
좀……
하하
일단 카이
형한테 가 보자.
응.
타다닥

보건실

오늘
카이 선생님은
교육이 있어서
다른 곳에
가셨단다.
네?
정말요?

이제
어쩌지?
카이 형은
대체 어딜 간
거야?

음, 인간의
공부는 참 재미
있단 말이야.
밤까지 공부하다
들어가야지.

요청!
…를 구하려면
…7시까지
…탑으로!
하아~
많이
지워졌네.
그래도 웬만한
아이들은 다
봤겠지?
앞으로 더
조심히 다니는
수밖에 없어.

성하야!
은비야.
너 괜찮은
거야?
응.
타다닥

지금 신이가
잡혀 있는 거 같아.
내가 기다리라고
했는데…….

내가 지켜 주지
못한 거야.
성하야.

나도 도울게. 꼭 구할 수 있을 거야.
은비야.
일단 수업 끝나고 우리 집으로 가자. 오늘 패션쇼가 있어서 집에 엄마 안 계셔.
응?
어차피 7시에 오라고 했고, 너도 준비가 필요하니까 내가 도와줄게.
아~
정말 고마워. 은비야.
기운 내.
우리 귀염둥이 네로도 힘내고!
냥!
냐아…….

어서 들어와.
여전히 옷들이 많구나.

너를 위한 옷들도 많아. 여기서 TV 보고 있어.
삑
고마워.

도훈이도 그곳에 간다는데, 어쩌지?
후우
탁

성하야. 지금 그게 문제가 아닌 거 같아.

왜? 그게 무슨 말이야?
TV를 봐 봐.

이 곳은 오늘 7시에 보석요정이 나타난다는 시계탑 앞입니다!
보석요정이 정확히 나타날지 안 나타날지도 모르는데, 지금 이렇게 많은 사람들이 모여 있습니다.
모두가 보석요정을 만나길 기대하며 나와 있습니다.
경찰들도 많이 모여 있군요. 과연 보석요정이 여기에 나타날까요?
TBC
두근

어떡하지?
벌떡
성하야, 왜 그래?
은비야, 저곳에 사람들이 모여들고 있어!
아, 이런…….
난 미호가 무슨 짓을 벌일지 몰라서 너무 불안해.
거, 걱정하지 마. 사람들이 있어서 널 도와줄 수도 있잖아.
그럴까?
이제까지처럼 잘 해낼 수 있을 거야.
넌 멋진 보석요정이야! 분명 모든 일이 잘 될 거야.
은비야.
어서 이 옷부터 입어 봐. 아주 잘 어울릴 거야.
고마워.

와! 역시 잘 어울리는구나.
옷이 정말 예뻐.
와아!
이 옷은 예쁜 것뿐만 아니라, 특별한 능력이 있어!
찡긋
특별한 능력?
그건 가 보면 알 거야. 내가 널 위해 특별히 준비했거든.

이 머리핀도 하고!
옷이 예뻐서 더 힘이 나는 거 같아.
어라? 이게 어떻게 된 일이지?
왜 그래?
머리핀의 장식 중에 하나가 떨어졌어!
5조각 중에 4조각만 남았네!
으앙!
괜찮아. 그냥 이대로 할게.
안 돼! 머리 장식 $\frac{4}{5}$로는 보석요정의 아름다움이 부족하단 말이야.
응? 저기 반짝이는 거 아니야?
앗! 맞아!
Quiz
전체에 대하여 색칠한 부분의 크기를 분수로 나타내시오.
(   )
▶ 정답은 54쪽에

찾았다! 금방 붙여 줄게!
하하
하하. 금방 기운을 차렸구나.

됐다! 이제 만족스러워!
하하~ 고마워.
하하
여기 가면도 새로 준비했어.
속

짜
안
정말 예쁘다!

홋. 네로를 위한 최고의 드레스도 있지!
냥!
홋
캬아아앙~!!
타
앗
네로야!
아휴~ 꼭 입혀 보고 싶었는데.
하하~ 아직 준비가 안 됐나 봐.
하하
나도 그만 나가 봐야겠어.
응! 조심히 다녀와.
후우~
겁먹지 말자! 신이가 날 기다리고 있을 거야.
불끈!

미호가 무슨 심술을 부린다 해도, 신이를 무사히 구해 와야 해!
타다다닥

저 잠깐 나갔다 올게요.
어머, 지금 나가려고?
네, 금방 다녀올게요!

좋아. 드디어 시간이 다 되어 가네. 카메라도 잘 챙겼고.
오늘은 보석요정을 꼭 찍고 말거야.
두근

나는 네가 무척 궁금해.
어떻게 그런 능력을 가지고
있는지…….
네가
누구인지…….

꼭 알고 싶어.
휘 이 이 이 잉

웅성
웅성

보석 요정은 언제 오려나?
글쎄.

사람이 너무 많습니다.
흠
이래서야 보석요정이 나타나도 누군지 모르겠군!

이럴 수가 …….
저쪽은 사람으로 가득 찼습니다!

헉!
헉! 이게 무슨 일이야?

저 앞쪽이 더 잘 보일 테지?
툭!
윽~
타다닥

* 북새통 : 많은 사람이 야단스럽게 부산을 떨며 소란스럽게 떠드는 상황.

정말
큰일이다.

생각보다 사람
이 많잖아?
그러게.
웅성
웅성

이래서는
나가자마자
사람들에게
붙잡힐 거야.
으으~

저기 어딘가에 신이가
있는 걸까? 그보다
이 사람들 다 미호의
흑마법에 걸린 거 아냐?
힘!
그렇게는 안
보이는데. 흠~

신이가 어디에
잡혀 있는지도 모르겠고,
사람도 너무 많아.
어쩌지?
참 힘든
상황이군.
앗!
왜 그래?

웅성
도, 도훈이야!
웅성

사람들 틈에
있다가 잘못하면 다치겠네.
저쪽으로 가야지.
으으

응?
저기서 방금
뭔가 움직이는 것
같았는데?

저쪽이다!
저쪽에서는
잘 보여!
우르르르르
응?
타다닥

앗! 나도 가야지!
늦으면 안 돼!
타다닥

하아~
정말 들키는 줄 알았어.

휴우

갔다.

근데 어디로 가야 하지?

하아, 글쎄~

헉!

이게 어떻게 된 거야?
사람이 너무 많아서
시계탑 근처까지
갈 수도 없잖아?!

그게
…….

내가 성하를 데려오라고
했지?! 언제 저 사람들을
다 데려오라고 했어?

이, 일미님이
했습니다. 전 진짜
그냥 전하려고만
했어요.

크아악!

일미는
일을 이렇게
만들고 어디에
있는 거야?!

뚜뚜뚜

응? 나 작업실인데?
뭐? 당장 여기로 와서 날 도와줘!
내가 거길 왜 가? 나 바빠!

지금 중요한 발명품을 만들고 있단 말이야. 그럼 너도 잘해 봐!
여, 여보세요?
딸깍!

전화를 끊었잖아!
지, 진정하세요.
랄라~ 깜짝파티~
크아아아악!
파다다닥

그건 다른 애들을 질투했던 여자애한테나 통하지!
차라리 저 사람들 모두에게 흑마법을 쓰는 건 어떨까요?

근데 성하는 언제 오는 거야?
불쑥!
으앗! 깜짝이야!

그리고 너는 왜 매번 소리치고 화내?
뭐, 뭐라고?
너 성격이 안 좋구나? 친구끼리는 다정하게 지내야 한댔어!
으!
따끔!

버럭!
아무리 미호님 성격이 안 좋다고 해도 그렇게 말하면 상처 받겠죠?
너도 내 성격이 안 좋다고 말하지 마!
어휴! 다들 도움이 안 돼!
크아아!
왜 저렇게 화가 난 거지?
씩씩

지금 아래쪽에 사람이 너무 많아서 성하 양을 부를 수가 없어서 그래요.
엇! 그런 문제였어?
그런 거라면 내가 금방 해결해 줄게. 걱정 마.
뭐라고?

삐이이이이이이익!
엇!
삐이이이이이이익!
뭐, 뭐야?
삐이이이이이익!
이 소리는!!
어?

삐이이이이이이이익!
이건 분명
신이의
소리야.
잘 들어 보면
저쪽 언덕에서
소리가 나는데?
어서 가
보자.

대체 어디로
가야…… 응?

삐이이이이이이이익!
뭐지?
이 소리를 어디선가
들어 봤었는데?

맞아! 분명
신이가 냈던 소리랑
비슷해!

삐이이이이이이이익!
어디서 이
소리가…….

응?
타 다 닥!

저, 저건!

타다다닥
저 뒷모습은?!

분수로 나타내기

일미는 나사못이 9개 박힌 발명품을 만들었어요. □ 안에 알맞은 수를 써넣으세요.

$\dfrac{1}{9}$이 5개이면 $\dfrac{\square}{9}$입니다. $\dfrac{1}{9}$이 9개이면 $\dfrac{\square}{9}$입니다.

은비가 보석요정의 옷을 만들고 있어요. 은비가 하루 시간의 얼마 동안 옷을 만들었는지 알맞게 색칠하고 □ 안에 알맞은 수를 써넣으세요.

하루 24시간

⇨ 은비는 □ 시간 동안 옷을 만들었습니다.

퀴즈 3

시계탑 주변에 사람들이 많이 모여 있어요. 질서 유지를 위해 경찰관이 곳곳에 있어요. 다음을 보고 경찰관이 있어야 하는 곳에 ↑ 로 나타내세요.

퀴즈 4

시계탑의 한쪽에 있던 사람들 30명 중 $\dfrac{5}{6}$ 가 보석요정이 나타난 줄 알고 달려갔어요. 달려간 사람은 몇 명일까요?

(   )

제 3 화
신이를 구해야 해!

엇!

삐이이이이이이익
보석요정?!
타다닥

삐이이이이이이익
웅성
웅성
어서 저쪽으로 가야겠다. 잠깐만 비켜 주세요!
이 소리가 나는 쪽으로 가고 있는 건가? 저 언덕?
아, 밀지 마요!

더 앞으로
가고 싶다고!
좀 들어
가요!
시끌
시끌
헉!
안 돼!

끄응. 사람들이
더 많아지고 있어.
쉽게 빠져나갈 수가
없어.
끄응!

기다려!
보석요정!
응?
휙
왜 그래?

아냐.
누가 날 부른 거
같아서……
서둘러야
해.

그래. 일단
신이만 생각하는
거야!

으악!
시끄러워!
X!
좀 막아 봐!
아, 네.
삐이이이이이이이익!

삐이이이이이이익!
이제 그만
좀 하시죠.

크아악!
더 이상은
못 참겠다!

저리 비켜
봐!
크앙!

흑마법을 걸어서
조용해지게
만들어야겠어.
크흐흐흐

자! 내 눈을
바라봐!
스스스스
어때?
크크크~

너 눈 아픈가 봐.
빨갛게 변했어!
뭐?!
움찔
아…….

헉, 흑마법이
통하지 않는
건가요.
뭐라고?
그럴 리가
없어!
이게 어떻게
된 일이지?

혹시 미호 님의 흑마법이 약해진 거 아닙니까?
뭐라고?
아니야! 그렇지 않아.
두근
두근
시계탑에 모여 든 사람들 때문에 미리 함정 감옥을 만들어 놓는 것도 실패했는데.
으으으……
역시 다른 스플릿들에게 도와 달라고 부탁하는 것이 좋겠네요.
크악!
그건 안 돼!
으다다다다다 뜨, 뜨거!
파다다다닥
그들이 나를 흑마법으로 이렇게 만들지 몰라!
가분수가 되겠네요.
힘!
응? 가분수가 뭐야?

분수에는 진분수, 가분수, 대분수가 있는데 $\frac{7}{3}$ 처럼 분모보다 분자가 큰 수를 가분수라고 하죠.
그렇구나.
$\frac{1}{3}$ ⇨ 진분수 $\frac{7}{3}$ ⇨ 가분수 $2\frac{2}{3}$ ⇨ 대분수

꿀밤을 맞고 머리가 커져도 가분수가 되죠.
으!
그런 예를 들어서 설명하지 말라고!
ㄷㄷㄷㄷㄷ

어휴!
참고로 가분수는 대분수로도 나타낼 수 있답니다.
가분수를 대분수로?

Quiz

가분수를 대분수로 나타내어 보시오.

(1) $\frac{5}{2}$

(   )

(2) $\frac{19}{4}$

(   )

▶ 정답은 78쪽에

지금 우리가 아래로 내려갈 수 없으니까 최성하를 여기로 불러와야 하잖아!
버럭
그리고 여기에도 함정을 준비해서…… 응?

하아
하아
타다다다닥

엥? 벌써 왔잖아?!
꾸엑!
어떻게 알고 온 거죠?
헤헷!

Quiz 정답 (1) $2\frac{1}{2}$ (2) $4\frac{3}{4}$

아무래도 널 위해 깜짝 파티를 한다고 속여서 신이를 데려온 것 같아.
그런 거였구나. 너무해.

신아! 그렇게 다른 사람을 막 따라가면 어떡해?
성하 네 친구들이잖아.

이 친구는 좀 화를 잘 내는 것 같지만……
뭐라고?!
크르르!

탁!
엇!
드디어 나타 났군요!

흐흐흐흐
이제야 좀 이야기를 할 수 있게 되었습니다.

내가 구해 줄게!
신아!
후후
움직이지 않는 게 좋습니다.
이거 정말 신나는걸?!
화르르르
화아아아악!
으악!
이 아이가 다치는 걸 보고 싶지 않다면 얌전하게 행동하세요!
크윽 ......

잠깐!
이게 파티야?
이건 위험해
보이는데?

화르르르

다 연기하는 거예요.
모두 재미있게 놀고
있는 겁니다.

하하

그런
거야?

알았어. 좀 이상한
파티지만 조금만
기다려 보지, 뭐.

당연하죠.
조금만 기다리면
성하 양도 좋아할
거예요.

하하

그래?

일단 이 아이에겐
흑마법이 통하지 않으니
이렇게 말해 놓는 거야.

화르르르릭!

그런데 미호 님 힘은
여전히 강한데, 왜 이
아이에겐 흑마법이
통하지 않았을까?

화아아아아아아아
네로야! 조심해!

익!
왕아아아아
파
앙
크윽!
미호! 난 네 불은 얼마든지 피할 수 있어!
크르릉!
캬캬캬
홍! 지금은 어두운 밤이야. 내 힘은 어둠에 강하지!
화 악
그래도 네로 너는 나의 불을 피할 수 있겠지만…….

저 아이도 다 피할 수 있을까?
앗!
화아아아아

성하야! 오른쪽으로 뛰어!
화아아아
으아앗!
타 얏!
하하! 그래! 몇 번 정도는 피할 수 있겠지!
방금 전엔 아주 천천히 던진 거거든! 이제 제대로 시작해 볼까?
하하하
쿠오오오오

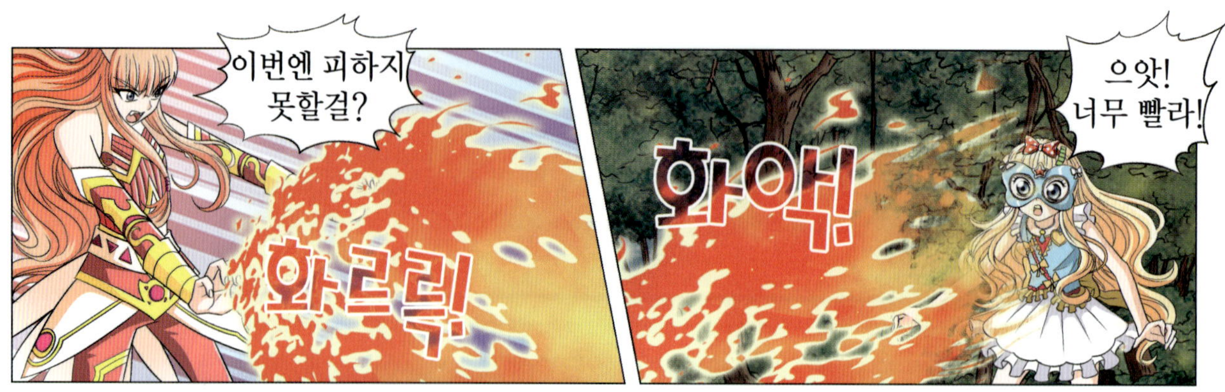

이번엔 피하지 못할걸?
화르륵!
화악!
으앗! 너무 빨라!

화르르르르릌
으아앗!
성하야!
스스스스
어?

스스스스

이게 어떻게
된 거지?

안에 원피스가
하나 더 있네?
심지어 불에 타지도
않았어!

씨익

그 옷이
도움이 됐으면
좋겠는데…….

룰루랄라~
오늘도 내 발명품을
정리해 볼까?

이게
다 뭐야?

후훗~ 지난달에
발명한 것들이야!
이건 '까꿍 달걀 시계!'

까꿍 달걀
시계?

응! 아침에 안 일어나면 이 시계가 얼굴에 달걀을 깨뜨려!
하하
하하~ 갖고 싶진 않네.
이건 '불이 싫어하는 천' 이야. 불이 났을 때도 이 천에는 불이 붙지 않아.
!!
불이 싫어하는 천?

바로 그거야!
응?
나 이 천 좀 쓰게 해 줘, 응?
와락
그래. 알았어.

꼭 성하에게 도움이 되는 옷을 만들어 주고 싶었어.

그러니까 무사히 돌아와. 성하야……

은비가 말한
특별한 옷이
바로 이거구나!
디자인도 예쁘고
불에 타지도 않네.

가볍고
편하기까지 해!
휘리릭

후유,
다행이다.

우아,
멋지다!
마법 같아!
스스스

하하하
역시 파티란
건 참 재밌어!
폴짝
폴짝
으, 저건 말도
안 돼!

믿을 수 없어! 다시 불을 받아라!
황아아아아
화르륵!
아!
좋았어!
슈우우우
내 보석의 힘으로 어떻게든 여길 밝혀 보는 거야.
그래, 나도 도와줄게.
미호는 밝으면 힘이 약해지니, 눈부시게 만들어야 해.
우웅
크윽~ 이대로라면 또 지겠어.
스윽

촤 아 아 악

이게
뭐야…….

점점 더
조이는 거 같아.
으으으

훗! 빠져나오려고
해도 소용없어요.
움직일수록 더 조여들
테니까!

어렵게
얻은 그물
총이죠.
일미 님의
발명품 중
하나를
더 가져와서
다행이야.
성하야!

크르릉!
X,
당장 저걸
풀지 못해?!

이제 그만 순순히
우리 말을 들으세요.
다 끝난 겁니다.
후후후

크하하! 잘했다! X!
까오!
이리 줘! 네로도 잡아가야겠어!
앗!
탁!
캬캬캬
너희는 이제 모두 내 손 안에 있는 거야!
얌전히 있어!
척!
크르르릉!
팡!
휙
이얍! 이얍!
탁
팡
팡
탁

어째서 안 맞는 거야?
잘 쏘셔야죠.
난 성하보다 훨씬 빠르다고! 미호 네 실력으로는 날 잡을 수 없어!
크르릉!
이건 엉터리 총이야!
탁!
으악! 그건 빌린 물건이라고요!

저런 엉터리는 필요 없어!
크으으
누가 엉터리라는 겁니까?

잘 들어! 네로!
응?!
순순히 보석을 내놓으면 성하와 신이를 풀어 주겠다. 내 말을 듣는 게 좋을 거야.

크윽, 그래도 이 보석은 절대 너희에게 넘겨줄 수 없어. 너희가 더 많은 나쁜 일들을 할 테니까!
그래! 그 보석을 더 빼앗아서 더 나쁜 일들을 할 거다! 어쩔래? 하하하!
하하하
크르링!

나는 나쁜 일을 할 때 기분이 더 좋다고!
음~
뭔가 이상한데…….
크하하하
힘!

여기선 깜짝 파티를 이렇게 해?
네?
이게 정말 재밌게 노는 거야?
그건 …….
하하

저 사람들이
널 속인 거라고!

헉!

신아!
이건 깜짝 파티
같은 게 아니야!

뭐?

내가 최성하랑
친구일 것 같아?
절대 아니지!

성하의 말이
사실이야?

그게 그러니
까……

깔깔깔

미호 님!

하하하! 아직도
이걸 깜짝 파티라고
생각하는 거야?

하하하

넌 나한테 속은 거라고!
그럼 이 모든 게 다…….

성하를 유인하기 위해 널 데려온 거라고! 바보! 하하하~
하하하
신아.

날 속이다니!
쿠우우우

날……. 속였어.
부들
부들

어어?
뭐죠?
크윽!
쿠우우우우

절대
용서 못 해!!
쿠우우우

어떻게
된 거지?

크아아아!
저, 저게 뭐야?
쿠쿠쿠쿵
꽉 잡고 있었어야지!
버티려고 했는데 힘이 너무 강해요!
대체 정체가 뭐야? 그, 그물 총으로 쏴 봐! 어서!
내가 그랬다고? 앗. 저기 있다!
그물 총은 아까 미호 님이 던져 버렸잖아요.

각오해라!
쿠아악!
크흑!
어서 쏴!
그물을 날려!
안 돼!
쏘지 마!
얍!
파
앙
응?!
촤아아아아아악

꽉!
크흑!
크하하!
잡았다!
신아!

이야아압!
두 두 두 두 둑

아니!
그물을 끊다니!
헉!
신아, 조심해!

하, 한 번 더 쏴!
계속 쏘라고!
네!
철컥

크아아아

크으
더는 당하지
않을 거야!
휘
익
퍽!
날려 버리겠어!
꺄오오오오오오오
으악~ 분하다!
이건 말도 안 돼!

허억!
씩
씩
꿀꺽!
파
앗
다음은
네 차례다!
으윽!
휙
합!
응?
후훗~

하하~
덩치만 크다고
이기는 건 아니지!
하하하

이젠 내 공격을
받아 보시지!
불에도 강한지
볼까?
화르르르
화
악
나의 불 공격을
받아라!

화르르륵
크악!
너무
뜨거워!
크익!

위험해!
안 돼!
신이를
도와줘야 해!
반짝

우우우우웅
신이를
괴롭히지 마!
파팟

아, 아니!
화
눈부셔.
화
익!
악

크으!
이얍!
뚝!
휙
익
으아아아!

빠
악
까오오오오오오

다음에 두고
보자아~
까오오오오오오

후우~

가만히 있어!
불을 꺼 줄게!
치이익
촤아악

슈
우
우
우
으으…….

신아! 괜찮아?
하아~
응. 괜찮아. 네 그물도 풀어 줄게.
아, 정말 다행이다.

이번엔 정말 큰일 날 뻔했어. 점점 미호의 공격이 강해지는 것 같아.
후우
그러게.
성하야, 미안해. 난 정말 그 애들이 네 친구들인 줄 알았어.

아니야. 네가 무사해서 정말 다행이야.
성하야~
사람들이 몰려올 수도 있으니 어서 여기서 나가자.

어서 가자. 신아.
그래.

거기 혹시 성하니?!
!!
깜짝
이 목소리는 설마······.
휙

거기
성하 맞지?
어, 어떡해!
성하야~
혁
도훈이다!
우리 여기 있어.
크악
신아!
안 돼!
신이? 역시
그 소리는 네가 낸
거였구나.
나야.
성하, 넌
거기서 뭐해?
으……
척

108

도, 도훈아…….
난 몰라. 이제 어떡하지?
휙
너도 보석요정 보려고 여기까지 온 거야?
!!
응?

근데 너 혹시 여기서 보석요정 못 봤어?
두리번
두리번
아~ 그렇지. 지금 난 가면도 쓰지 않았고, 평범한 원피스를 입고 있지?
도훈이가 내가 보석요정인 것을 눈치 채지 못한 게 확실해.

앗! 이 모양은?
여기에 보석요정이 온 것이 확실해.
휙
어떻게 알아?

난 못 봤는데. 하하~
이렇게 말해야 하겠지?
뭐? 못 봤다고?
삐질
삐질
하하
으응. 내가 왔을 때는 이미 사라진 뒤였나 봐.
그렇구나. 오늘도 빨리 사라졌어.
으응.
오늘은 꼭 볼 수 있을 줄 알았는데.
도훈아.
사실대로 말하지 못해서 미안해.
실망한 거야?
어쩔 수 없지. 다음엔 더 빨리 움직이면 만날 수 있을 거야.
그나저나 넌 괜찮아?
나? 응! 괜찮아.

역시 네가 위험했던 거구나. 무사해서 다행이야.

고마워. 도훈아!
왠지 너인 것 같아서 걱정을 많이 했어.

그런데 신이 너는 보석요정을 알아? 보석요정과 어떻게 아는 사이야?
너 많이 놀랐을 테니까 푹 쉬어야 할 거 같아. 그렇지? 신아!
보석요정이라면 아까 성하…….
응?
하하하
입!

신아, 내가 보석요정인 것은 다른 사람에게 비밀이야. 비밀 지켜 줄 수 있지?
그래야 하는 거야?

도훈아, 그건 비밀이야, 비밀!
엥?

그렇게 아슬아슬하게 위험이 지나갔다.

많은 일이 있었던 하루였다.

그래도 모두 무사할 수 있어서 정말 다행이야.

그럼 난 여기서 집으로 갈게.
지금 가려고?

집이 어디야?
길이 같으면
함께 가자.
아니야. 여기서
산까지 가는
지름길이 있어!
금방 갈 수 있어.
산?
잘 찾아갈 수
있지?
우리 집 냄새는
절대 잊지 않아.
걱정하지 마.

곧 다시 보게
될 거야! 그때
또 같이 놀자!
하하하
오늘 정말 즐거운
하루였어.
너희를 만나서 기뻐.
역시 우린 인연인가 봐.
그래. 잘 가!
신아, 또 와!
조심히 가!

파바바바바박

빠르다. 잘 달리네.
저러다 넘어지겠다.

헉! 그런데 몸이 갑자기 힘들어지네.
너도 그래? 나도 마라톤을 한 것 같아.

늙었나 봐.

풋!
푸하하!
우리도 집에 가자.
응!

춥진 않아? 내 옷 빌려줄게.
응?

네가 입어.
고마워.
두근

응? 성하 옷이 좀 지저분하네. 흙이 묻은걸까?

아니, 불에 그을린 것 같은데……

발성오체!
네 친구를 구하려면 오늘 7시까지 시계탑으로!
보석요정의 친구라……

보석요정의
친구?

하아~ 오늘도
엄청난 하루였어.
신이는 집에
잘 들어 갔을까?

도훈이에게
내가 보석요정인 것을
들킬 뻔하고.
도훈이가 조금만 더 빨리
왔다면 들켰을 거야.
앞으로는 더
조심해야 해.

내 말 듣고 있는 거야?
오늘 신이가 이상한 말을 했었는데…….
아마 너희가 모든 사실을 알게 되면 깜짝 놀라겠지.
그게 무슨 뜻일까?
버럭!

신이에게도 비밀이 있는 걸까?

그래. 어쩌면 나처럼 모두가 하나쯤 비밀을 가지고 있겠지.

소중한 비밀이라면 잘 지켜졌으면 좋겠다.
지금 우리의 비밀처럼~
하하하

비틀
비틀
끄응~

온몸이 욱신욱신거려. 그렇게 무자비하게 날려버리다니.
저도 그래요. 흑~
크윽
이번엔 정말 네로의 보석을 손에 넣을 수 있었는데 분하다!
크르릉!

다음엔 꼭 이겨서 비웃어줄 테다! 크악!
크악
그렇게 화를 내면 더 아플걸요.
딱 딱
이번에도 실패했나 보구나.
앗, 누구?!
!!
휙

호호호~
거기
누구냐?!
미호, 넌 여전하구나!
제대로 하는 일이 없어.
설마 이
목소리는…….

꼭 이 언니가
등장해 줘야겠니?
두
둥
미호의 언니, 등장?!

11권에서 계속.

진분수, 가분수, 대분수 알아보기

일미가 발명한 까꿍 달걀 시계 2개예요. 다음을 읽고 까꿍 달걀 시계에
남은 달걀은 처음의 몇 분의 몇인지 각각 구하고
두 수의 차를 구하세요.

왼쪽 시계: □/□ , 오른쪽 시계: □/□ ⇨ 차: □/□ − □/□ = □/□

은비는 텔레비전을 보면서 사과 파이를 먹으려고 해요.
사과 파이 2개와 $\frac{2}{3}$개가 있으면 모두 몇 개인지 대분수로 나타내세요.

(   )

퀴즈 **3**

도훈이는 '삐이이이' 소리가 나는 곳으로 가고 있어요.
도훈이는 몇 km를 이동했는지 구하세요.

$$\frac{\square}{\square}+\frac{\square}{\square}=\frac{\square}{\square}\ (km)$$

개념 스토리 1 (두 자리 수) ÷ (한 자리 수)

1 성하가 교실로 가기 위해 계단을 올라가고 있습니다. 24계단을 한 번에 2계단씩 올라간다면 몇 번 만에 올라갈 수 있습니까?

(   )

2 성하가 매점에서 초콜릿 한 봉지를 샀습니다. 친구들과 셋이서 똑같이 나누어 먹으려고 합니다. 초콜릿이 모두 39개 들어 있다면 각자 몇 개씩 먹어야 합니까?

(   )

3 도훈이가 카메라로 찍은 사진을 컴퓨터로 옮겼더니 모두 96 MB였습니다. 사진 한 장의 용량이 2 MB라면 도훈이가 찍은 사진은 모두 몇 장입니까?

(   )

4 은비가 보석요정에게 줄 가면을 만들고 있습니다. 큐빅 14개를 3개씩 이어서 붙이면 몇 군데까지 붙일 수 있고 남는 큐빅은 몇 개입니까?

(   ), (   )

5 신이가 도훈이를 달래기 위해 밤을 주워서 성하와 도훈이와 셋이서 남는 밤 없이 똑같이 나누어 가지려고 합니다. 지금까지 밤 56개를 주웠다면 적어도 몇 개를 더 주워야 합니까?

(   )

6 미호가 나무에서 나뭇가지를 하나 꺾었습니다. 나뭇잎의 수를 보고 4는 9의 몇 분의 몇인지 구하시오.

(   )

7 일미가 발명품을 전시해 놓은 진열장을 보고 있습니다. 발명품이 진열장 한 칸에 3개씩 모두 18개 진열되어 있습니다. □ 안에 알맞은 수는 얼마입니까?

(   )

개념 스토리 3 분수만큼은 얼마인지 알아보기

8 카이는 오늘 하루 24시간의 $\frac{1}{3}$을 외부 교육을 받았습니다. 카이가 외부 교육을 받은 시간은 몇 시간 입니까?

(   )

9 복도에 있던 학생 중 하늘에 새겨진 보석요정에게 보내는 메시지를 본 학생은 전체 45명 중의 $\frac{2}{3}$입니다. 메시지를 본 학생은 몇 명입니까?

(   )

10 보석요정이 온다는 소식을 듣고 시계탑 앞에 많은 사람들이 모였습니다. 모인 사람 77명 중의 7명은 경찰입니다. 경찰의 수는 모인 전체 사람 수의 몇 분의 몇입니까?

( )

개념 스토리 4 분수를 수직선에 나타내기

11 도훈이는 $\frac{6}{5}$ km 떨어진 곳에 있는 보석요정을 발견했습니다. 도훈이가 발견했을 때 보석요정이 있던 곳을 찾아 오른쪽 수직선에 ↓로 나타내시오.

개념 스토리 5 · 진분수 알아보기

12 신이는 성하를 기다리는 동안 수직선을 그리며 놀고 있습니다. 신이가 그린 수직선의 □ 안에 알맞은 수를 써넣으시오.

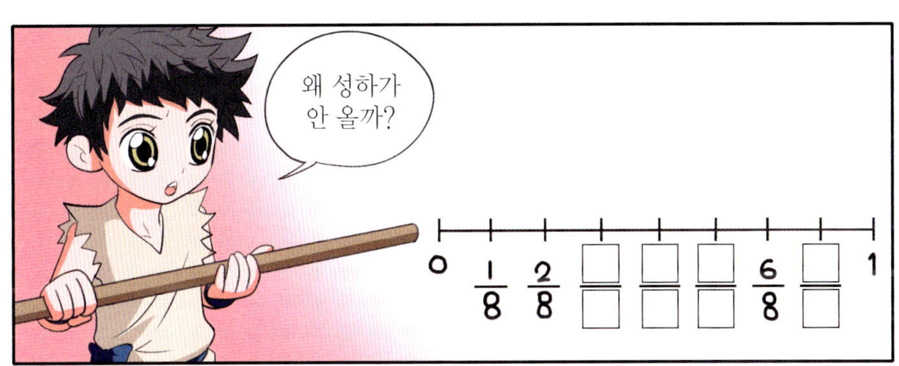

13 도훈이는 그동안 찍은 사진을 분류하여 전체의 얼마인지 진분수로 나타내었습니다. 잘못 나타낸 것은 어느 것입니까?

(   )

14 성하와 도훈이는 카드놀이를 합니다. 가분수 카드를 더 많이 가지고 있는 사람은 누구입니까?

(   )

15 오른쪽 그림에서 성하가 한 말 중에서 잘못된 것을 모두 찾아 바르게 고치시오.

개념 스토리 7 분수의 합과 차 알아보기

16 미호는 성하에게 불 공격을 왼쪽으로는 $\dfrac{13}{15}$분 동안, 오른쪽으로는 $\dfrac{9}{15}$분 동안 했습니다. 미호는 불 공격을 모두 몇 분 동안 했습니까?

(   )

17 일미는 은비의 부탁으로 '불이 싫어하는 천'을 전체의 $\dfrac{4}{9}$만큼 잘라 주었습니다. 일미에게 남은 '불이 싫어하는 천'은 전체의 얼마인지 분수로 나타내시오.

(   )

개념 스토리 8 대분수 알아보기

18 화가 난 신이는 자기 몸의 $3\frac{2}{5}$배만큼 커졌습니다. $3\frac{2}{5}$를 가분수로 나타내시오.

(   )

19 신이가 들고 있는 종이에 적힌 분수만큼 색칠하시오.

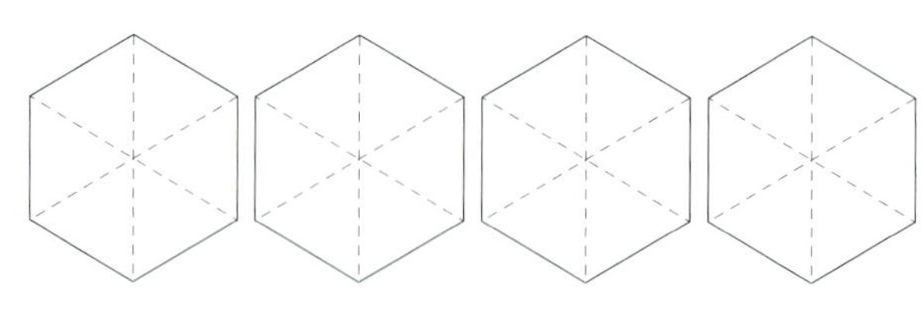

개념 스토리 9 분수의 크기 비교

20 네로는 성하가 돌아오지 않아 대문 앞에서 $5\frac{8}{15}$ 분을 기다리고 창문 앞에서 $\frac{79}{15}$ 분을 기다렸습니다. 어디서 기다린 시간이 더 긴지 쓰시오.

(   )

21 그림을 보고 무게가 무거운 것부터 차례로 기호를 쓰시오.

(   )

• 분수의 종류

아기돼지 삼형제가 빵 2개를 나눠 먹으려고 해요. 아기돼지들은 빵을 똑같이 나눠 먹기 위해서 똑같이 3조각씩으로 자르고 2조각씩 먹었어요. 빵을 $\frac{2}{3}$개씩 먹은 거지요. 물건을 똑같이 나누는 과정에서 1보다 작은 수가 필요했는데 이렇게 만들어진 수가 분수예요.

다음 날 아기돼지 삼형제가 빵 5개를 나눠 먹으려고 해요. 아기 돼지들은 빵을 모두 3조각씩으로 잘랐어요. 빵은 모두 15조각이 되었고, 5조각씩 먹었어요. 아기 돼지들은 각자 빵을 $\frac{5}{3}$개씩 먹은 거지요. 아기 돼지들이 각자 먹은 빵은 1개보다 많았어요. $\frac{5}{3}$는 1보다 큰 수예요.

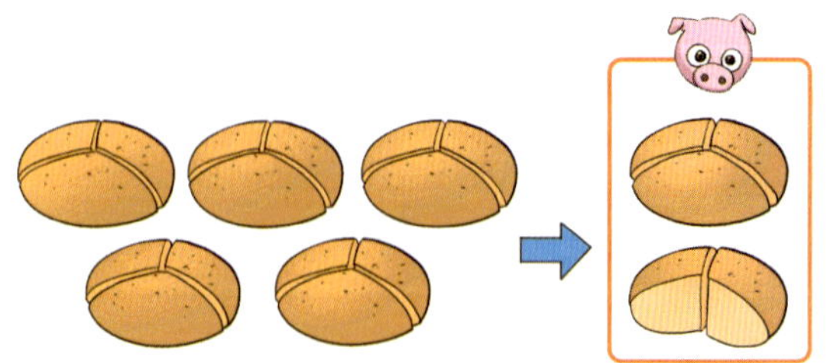

처음에 분수가 만들어진 건 1보다 작은 수가 필요해서였는데 1보다 큰 수도 분수로 나타낼 수 있게 된 거예요. 그래서 처음에 만들었던 1보다 작은 분수를 진짜라는 뜻을 가진 진(眞)을 분수 앞에 붙여서 진분수(眞分數)라고 하고, 1과 같거나 1보다 큰 분수를 거짓이라는 뜻을 가진 가(假)를 분수 앞에 붙여서 가분수(假分數)라고 했대요.

그 다음 날도 아기돼지 삼형제는 빵 5개를 나눠 먹어야 했어요. 이번에는 빵을 1개씩 나눠 먹고 남은 2개만 3조각씩으로 잘랐어요. 남은 빵은 모두 6조각이 되었고, 2조각씩을 더 먹었어요. 아기 돼지들은 각자 빵을 1개와 $\frac{2}{3}$개씩 먹은 거지요. 1개와 $\frac{2}{3}$개는 $1\frac{2}{3}$개라고 나타내요.

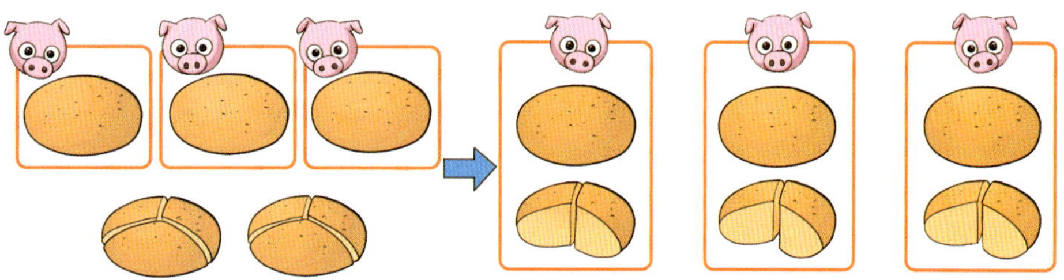

이 분수는 분수 앞에 자연수를 데리고 다닌다고 해서 데리고 있다는 뜻을 가진 대(帶)를 분수 앞에 붙여서 대분수(帶分數)라고 부른대요.

1 진분수에 ○표, 가분수에 △표, 대분수에 □표 하시오.

$$\frac{2}{3} \qquad \frac{3}{5} \qquad 1\frac{2}{3} \qquad \frac{9}{4} \qquad \frac{3}{8} \qquad 10\frac{1}{2} \qquad \frac{11}{9}$$

2 대분수는 가분수로, 가분수는 대분수로 나타내시오.

(1) $7\frac{1}{5}$ 　　　　　　　　　　　(2) $\frac{15}{7}$

1화 개념체크 42~43쪽

퀴즈 1 18개 **퀴즈 2** 11일

퀴즈 3 8줄, 1명

풀이

1 $72 \div 4 = 18$(개)

2 (도훈이가 읽은 책의 전체 쪽수)
$= 28 \times 3 = 84$(쪽), 성하는 하루에 8쪽씩 읽으려고 하므로 $84 \div 8 = 10 \cdots 4$에서 적어도 11일이 걸립니다.

3 $25 \div 3 = 8 \cdots 1$이므로 3명씩 달리면 8줄이 되고 1명이 남습니다.

2화 개념체크 68~69쪽

퀴즈 1 $\dfrac{5}{9}$, $\dfrac{9}{9}$

퀴즈 2  , 3

퀴즈 3 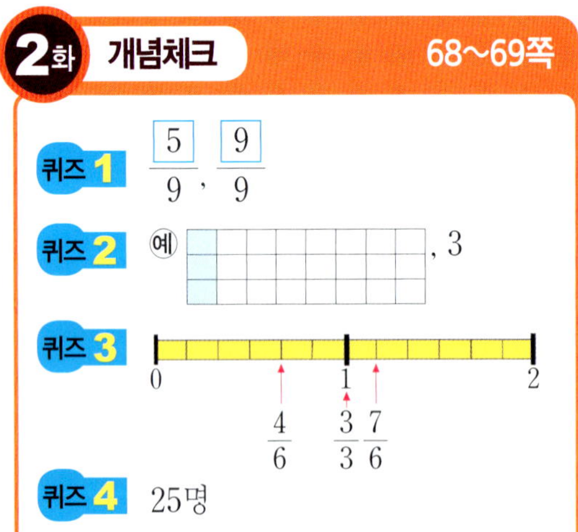

퀴즈 4 25명

풀이

1 $\dfrac{1}{9}$이 1개이면 $\dfrac{1}{9}$, $\dfrac{1}{9}$이 2개이면 $\dfrac{2}{9}$, $\dfrac{1}{9}$이 3개이면 $\dfrac{3}{9}$, ……, $\dfrac{1}{9}$이 9개이면 $\dfrac{9}{9}$입니다.

2 24칸을 똑같이 8로 나눈 것 중의 1은 3칸입니다. 따라서 은비는 3시간 동안 옷을 만들었습니다.

3 눈금 한 칸의 크기는 $\dfrac{1}{6}$입니다. $\dfrac{4}{6}$는 0에서부터 4번째 눈금에, $\dfrac{7}{6}$은 0에서부터 7번째 눈금에 나타냅니다.

$\dfrac{3}{3}$은 1과 크기가 같습니다.

4 30명의 $\dfrac{1}{6}$은 5명이고, 30명의 $\dfrac{5}{6}$는 25명입니다.

3화 개념체크 120~121쪽

퀴즈 1 $\dfrac{3}{5}$, $\dfrac{4}{5}$, $\dfrac{4}{5}$, $\dfrac{3}{5}$, $\dfrac{1}{5}$

퀴즈 2 $2\dfrac{2}{3}$개

퀴즈 3 $\dfrac{4}{9} + \dfrac{1}{9} = \dfrac{5}{9}$ (km)

풀이

1 왼쪽 까꿍 달걀 시계에 남은 달걀은 $5 - 2 = 3$(개)이고, 오른쪽 까꿍 달걀 시계에 남은 달걀은 $5 - 1 = 4$(개)입니다. 남은 달걀은 처음의 몇 분의 몇인지 구하면 각각 $\dfrac{3}{5}$, $\dfrac{4}{5}$입니다.

$\dfrac{4}{5}$와 $\dfrac{3}{5}$의 차를 구하면 $\dfrac{4}{5} - \dfrac{3}{5} = \dfrac{1}{5}$입니다.

2 2와 $\dfrac{2}{3}$를 대분수로 나타내면 $2\dfrac{2}{3}$입니다.

3 $\dfrac{4}{9}$와 $\dfrac{1}{9}$의 합을 구할 때에는 분모는 그대로 두고 분자끼리 더합니다.

1 12번 **2** 13개

3 48장 **4** 4군데, 2개

5 1개 **6** $\dfrac{4}{9}$

7 2 **8** 8시간

9 30명 **10** $\dfrac{7}{77}\left(=\dfrac{1}{11}\right)$

11
```
├──┼──┼──┼──┼──┼──┼──┤
0        1 km      2 km
```

12 $\dfrac{3}{8}, \dfrac{4}{8}, \dfrac{5}{8}, \dfrac{7}{8}$ **13** 유적지

14 도훈

15 ⟨예⟩ $\dfrac{5}{6}$는 진분수이고, $\dfrac{9}{8}$는 가분수야.

16 $1\dfrac{7}{15}$분(또는 $\dfrac{22}{15}$분)

17 $\dfrac{5}{9}$ **18** $\dfrac{17}{5}$

19 ⟨예⟩

20 대문 앞 **21** ㉠, ㉢, ㉡

풀이

1 $24 \div 2 = 12$(번)

2 $39 \div 3 = 13$(개)

3 $96 \div 2 = 48$(장)

4 $14 \div 3 = 4 \cdots 2$이므로 큐빅을 4군데까지 붙일 수 있고 2개가 남습니다.

5 $56 \div 3 = 18 \cdots 2$이므로 밤을 18개씩 갖고 2개가 남으므로 셋이서 똑같이 나누어 가지려면 적어도 1개를 더 주워야 합니다.

7 18을 3씩 묶으면 6묶음입니다.

그중 6은 2묶음이므로 18의 $\dfrac{2}{6}$입니다.

9 45명의 $\dfrac{2}{3}$는 45를 똑같이 3으로 나눈 것 중의 2이므로 30명입니다.

10 경찰은 77명 중의 7명이므로 $\dfrac{7}{77}$입니다.

13 $\dfrac{5}{4}$는 분자가 분모보다 크므로 진분수가 아닙니다.

14 성하가 가진 카드 중 가분수는 $\dfrac{4}{3}, \dfrac{9}{8}$로 2개이고 도훈이가 가진 카드 중 가분수는 $\dfrac{8}{8}, \dfrac{14}{11}, \dfrac{20}{20}$으로 3장입니다.

16 $\dfrac{13}{15} + \dfrac{9}{15} = \dfrac{22}{15} = 1\dfrac{7}{15}$(분)

17 $1 - \dfrac{4}{9} = \dfrac{9}{9} - \dfrac{4}{9} = \dfrac{5}{9}$

20 $5\dfrac{8}{15} = 5 + \dfrac{8}{15} = \dfrac{75}{15} + \dfrac{8}{15} = \dfrac{83}{15}$

⇨ $\dfrac{83}{15} > \dfrac{79}{15}$이므로 대문 앞에서 더 오래 기다렸습니다.

21 ㉢ $\dfrac{29}{9} = \dfrac{27}{9} + \dfrac{2}{9} = 3 + \dfrac{2}{9} = 3\dfrac{2}{9}$

⇨ $3\dfrac{4}{9} > 3\dfrac{2}{9} > 2\dfrac{8}{9}$이므로 ㉠ > ㉢ > ㉡ 입니다.

1 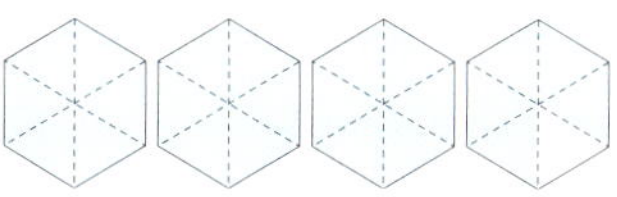

2 (1) $\dfrac{36}{5}$ (2) $2\dfrac{1}{7}$

풀이

2 (1) $7\dfrac{1}{5} = 7 + \dfrac{1}{5} = \dfrac{35}{5} + \dfrac{1}{5} = \dfrac{36}{5}$

(2) $\dfrac{15}{7} = \dfrac{14}{7} + \dfrac{1}{7} = 2 + \dfrac{1}{7} = 2\dfrac{1}{7}$

1:1 맞춤학습의 해결사

해법수학교실

새 교과서 전용교재, 해법수학교실	1:1 맞춤 온라인서비스, U key
• 6단계 교재와 7단계 평가 시스템	• 학습자의 수준에 맞춘 1:1 수학 클리닉 시스템
• 스토리텔링 수업 교재	• 선행·심화를 위한 유명강사의 전문항 강의
• 토론 & 발표 수업	• 난이도별로 자동 출제되는 문제 출제 마법사

상담문의 **02-857-3200** **www.hbmath.co.kr**

해법수학교실